SOCIÉTÉ DES INGÉNIEURS CIVILS

FONDÉE LE 4 MARS 1848

Reconnue d'utilité publique par decret du 22 decembre 1860

19, rue Blanche, PARIS

DE L'EUROPE
A L'AFRIQUE ET A L'AMÉRIQUE
PAR L'ESPAGNE

PAR

M. N. SUSS

ANCIEN DIRECTEUR, INGÉNIEUR-CONSEIL DE LA COMPAGNIE DES CHEMINS DE FER
DE MADRID A SARAGOSSE ET A ALICANTE

EXTRAIT DES MÉMOIRES DE LA SOCIÉTÉ DES INGÉNIEURS CIVILS DE FRANCE

(Bulletin de juillet-septembre 1919)

PARIS

19, rue Blanche, 19

1919

SOCIÉTÉ DES INGÉNIEURS CIVILS DE FRANCE

FONDÉE LE 4 MARS 1848

Reconnue d'utilité publique par decret du 22 decembre 1860

19, rue Blanche, PARIS

DE L'EUROPE
A L'AFRIQUE ET A L'AMÉRIQUE
PAR L'ESPAGNE

PAR

M. N. SUSS

ANCIEN DIRECTEUR, INGÉNIEUR CONSEIL DE LA COMPAGNIE DES CHEMINS DE FER
DE MADRID A SARAGOSSE ET A ALICANTE

EXTRAIT DES MÉMOIRES DE LA SOCIÉTÉ DES INGÉNIEURS CIVILS DE FRANCE

(Bulletin de juillet-septembre 1919)

PARIS

19, rue Blanche, 19

—

1919

A la mémoire de mon fils Marcel,
Ingénieur E.C.P. et I.C.F.
Mort au Champ d'Honneur.

DE L'EUROPE
A L'AFRIQUE ET A L'AMÉRIQUE

PAR

L'ESPAGNE

PAR

M. N. SUSS [1]

Au commencement de 1914 le Gouvernement espagnol mit à l'étude un projet de chemin de fer direct international à double voie de 1 m, 44 de largeur et traction électrique de Madrid à la frontière française, et le 27 mars 1917 ce projet fut approuvé par le Ministre des Travaux publics.

Plus récemment, en janvier 1919, le même Gouvernement présenta, et fit approuver en quelques jours par le Sénat, un autre projet de même nature d'Algésiras en France, prolongement du précédent depuis Madrid jusqu'à Algésiras.

Le but poursuivi par ces projets est de raccorder les chemins de fer européens, qui sont tous à voie de 1 m, 44, sauf ceux de la péninsule ibérique et de la Russie, au port d'Algésiras par une ligne directe et sans transbordement, pour améliorer les relations entre l'Europe et l'Afrique, et même avec l'Amérique du Sud, à l'aide de la ligne de Tanger à Dakar d'où l'on se dirigerait à Pernambouc en économisant plusieurs jours de navigation.

D'un autre côté le Comité français du rail africain projette de construire 30 000 km de nouvelles lignes en Afrique et le Congrès du Génie Civil a donné un avis favorable à l'établissement d'un tunnel sous le détroit de Gibraltar ; comme le tunnel sous la Manche paraît enfin entrer dans une ère de réalisation, et qu'il est question également d'établir un tunnel sous le Bosphore entre l'Europe et l'Asie Mineure pour se raccorder sans transbordement avec le chemin de fer de Bagdad, l'on pourrait aller

(1) Conférence faite à la séance du 4 juillet 1919.

d'Angleterre au Cap et au Golfe Persique sans changer de train et l'on compléterait ainsi, avec le transsibérien et le transafricain, les grandes voies internationales entre l'Europe, l'Afrique et l'Asie, tout en se rapprochant de l'Amérique.

Nous avons pensé qu'il y avait intérêt à appeler l'attention de la Société sur un certain nombre de ces projets qui intéressent plus directement les relations entre la France, l'Espagne et l'Afrique et nous allons le faire dans les chapitres suivants :

I. Considérations sur la diversité de largeur des voies ;

II. Lignes internationales projetées à travers l'Espagne, le détroit de Gibraltar et l'Afrique ;

III. Essais antérieurs pour établir des services directs entre ces pays et les améliorations possibles ;

IV. Les transpyrénéens et le trafic entre la France et l'Espagne.

CHAPITRE I

Considérations sur la diversité de largeur des voies.

1° MOTIFS DU CHOIX DE LA VOIE DE 1 M, 674 EN ESPAGNE ET SES INCONVÉNIENTS.

On sait que lorsque l'Espagne projeta ses premiers chemins de fer en 1844, elle adopta l'écartement de voie de 1 m, 674 qui correspond à 6 pieds castellans de 0 m, 279 tant pour des motifs stratégiques que parce que l'on supposait obtenir ainsi une capacité de trafic plus grande.

En réalité, on n'a pas tiré grand parti dans la construction du matériel roulant de cette plus grande largeur de voie d'environ 24 cm et, par contre, l'obligation de l'emploi de courbes de plus grands rayons qui en découlait a augmenté les difficultés des tracés dans un pays aussi accidenté et le coût de la construction a été plus élevé. Il en est résulté quelques difficultés pour les relations internationales, tous les voyageurs et les marchandises devant transborder aux frontières. L'inconvénient pour les voyageurs n'est pas bien grand et existe aux frontières des pays ayant le même écartement de voie, sauf pour quelques trains de luxe fréquentés par un petit nombre de voyageurs où les formalités de douane se font dans les voitures. Quant aux marchandises, l'Espagne n'ayant pas de douanes intérieures, tous les dédouanements se font nécessairement à la frontière et la douane espagnole exigera toujours le transbordement d'un grand nombre de marchandises pour les reconnaître.

2º Circulation de wagons sur des voies d'écartements différents.

Il existe d'ailleurs un système pour faire rouler un matériel sur les voies d'écartement différent, en changeant simplement les essieux à la frontière, au moyen d'un procédé très simple, procédé pratiqué depuis bien des années entre la Russie et l'Autriche, et dont une application réduite a été faite à Irun pour quelques wagons circulant entre la France et le Portugal.

Voici en quoi consiste ce procédé : les wagons qui doivent circuler indistinctement sur la voie de 1 m, 44 et sur celle de 1 m, 674 sont construits spécialement à cet effet ; quand ils arrivent à la frontière ils sont supportés aux quatre angles du châssis par des chariots qui roulent sur des rails le long d'une fosse dont le fond est relié par un double plan incliné d'un côté avec la voie de 1 m, 44 et de l'autre avec celle de 1 m, 674. On enlève un boulon à chaque entretoise des plaques de garde du wagon, et l'on rend fixes ces entretoises dans la position verticale à l'aide de l'autre boulon, de façon qu'elles pendent du côté de la plaque de garde opposé au sens du mouvement que l'on fera prendre au wagon pour le faire passer sur la fosse ; pendant ce mouvement les essieux avec leurs boîtes à graisse descendent dans la fosse et se séparent des châssis en arrivant à une profondeur telle que l'extrémité des entretoises puisse passer par-dessus ; elle rencontre ensuite les essieux correspondants à l'autre voie déjà disposés au fond de la fosse à hauteur convenable et les pousse sur le plan incliné de sortie, au haut duquel ils auront pris automatiquement leur position définitive dans les plaques de garde. Il suffit alors de reboulonner les entretoises pour que le wagon soit prêt à circuler.

Ce système ne s'est pas développé aux frontières franco-espagnoles sans doute parce que les Compagnies intéressées ne sont pas très désireuses de l'étendre, dans la crainte bien justifiée de l'absorption du matériel commun par l'une d'elles en cas de crise de transport. La pratique a montré pendant la guerre et même depuis que l'échange de matériel entre pays de même écartement de voies a dû être supprimé, ou considérablement réduit pour éviter cet inconvénient. D'ailleurs l'on effectue fréquemment dans l'intérieur d'un même pays des transbordements aux embranchements de compagnies différentes, pour empêcher qu'à certains moments une ligne pût se trouver sans matériel suffisant pour son trafic local, en raison de l'importance du trafic combiné dirigé dans un même sens, sans que la Compagnie qui reçoit lui rende suffisamment de matériel vide en compensation.

Le transbordement est obligatoire aussi entre les lignes à voie normale et à voie étroite et les retards qui en résultent proviennent plutôt de l'insuffisance du matériel roulant et des installations de quais et de voies que de l'opération de transbordement elle-même.

Un autre système pour faire circuler des wagons sur des voies d'écartements différents, imaginé par la Société industrielle suisse de Neuhausen, a été présenté récemment aux Compagnies françaises et espagnoles par les Chemins de fer fédéraux suisses : avec ce système il n'y a pas besoin de changer les essieux aux frontières, mais on déplace les roues sur les essieux pour les amener aux écartements voulus.

Le dispositif comme le montre la *figure 1* comporte un train de roues à parties filetées, l'une avec le pas à gauche et l'autre avec le pas à droite, reliées avec une douille également filetée, montée sur l'essieu et munie d'une roue dentée venant en prise avec une crémaillère surélevée lors du passage d'une voie à l'autre. Cette crémaillère d'une longueur de 18 m est posée dans l'axe d'une voie évasée, ayant d'un côté l'écartement de la voie normale et de l'autre l'écartement de la voie espagnole.

Pendant le passage sur la crémaillère, la roue dentée fait un plus grand nombre de tours que les roues du véhicule et il en résulte un dévissage ou un vissage des parties filetées des roues sur celles correspondantes de la douille, et, par conséquent, le rapprochement ou l'écartement des roues des quantités nécessaires pour passer d'une largeur de voie à l'autre.

Chaque roue est maintenue dans ses positions extrêmes par des boulons de sûreté pour compléter la bonne liaison entre le corps de la roue, la douille et l'essieu, et empêcher le déplacement des roues par suite des ébranlements provoqués par la marche du véhicule.

C'est évidemment là le point délicat de l'appareil, vu qu'il est

Voie à crémaillère pour passage sur voie à l'écartement normal à une voie à l'écartement espagnol –

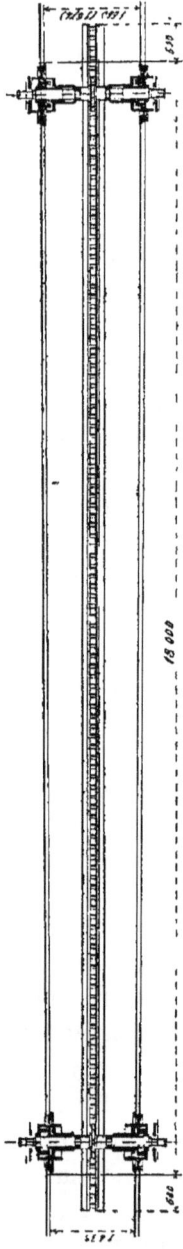

Essieu monté à roues deplaçables – *Ensemble* –

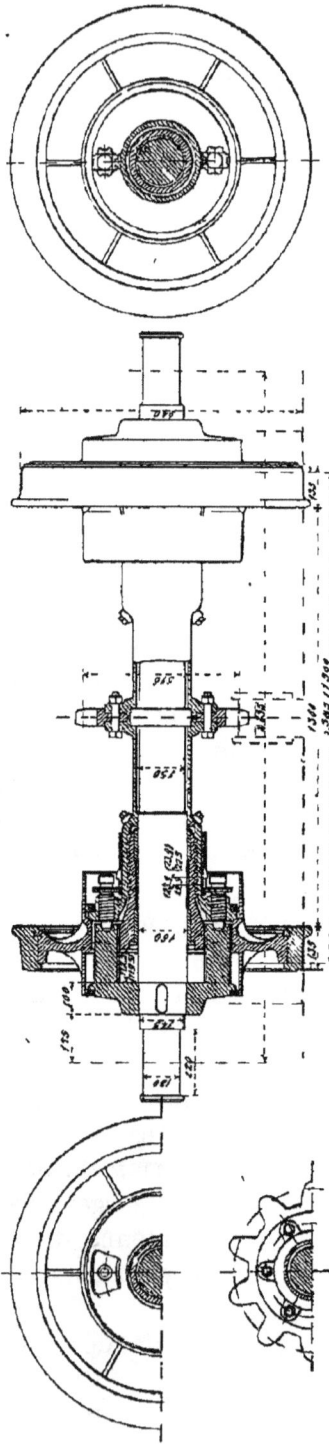

Courtier & C° 84449

Fig. 1. — Roues déplaçables.

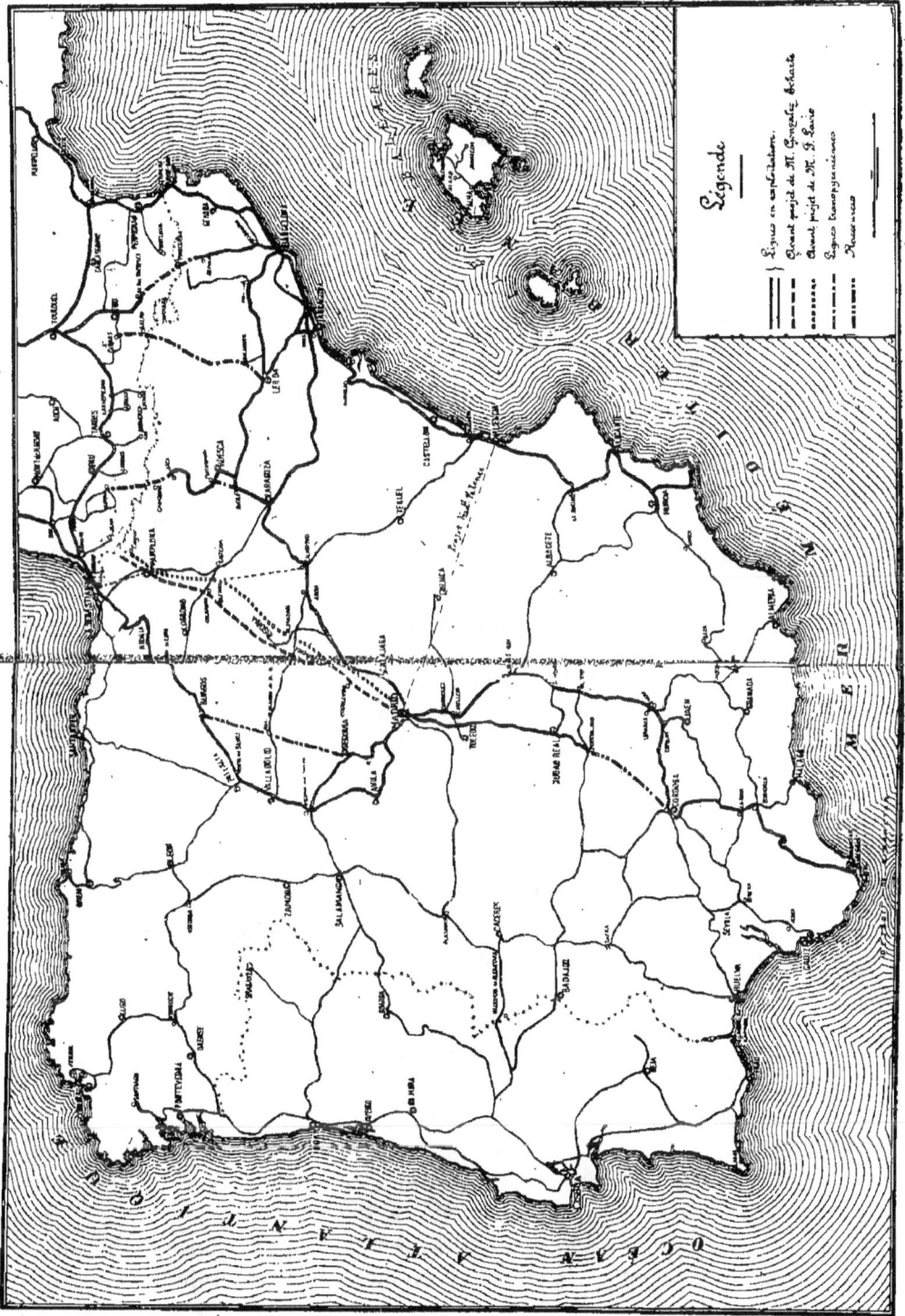

Fig. 2. — Carte des Chemins de fer Espagnols.

difficile d'admettre que cette liaison soit aussi robuste que celle provenant du calage des moyeux sur les essieux à des pressions d'au moins 25 000 kg comme dans les essieux ordinaires.

Les Chemins de fer fédéraux suisses sont disposés à autoriser la circulation de ces essieux sur leurs voies, mais les Compagnies françaises et espagnoles ne se sont pas encore prononcées et n'admettront certainement pas ce système sans pratiquer préalablement de très sérieux essais.

Nous ferons remarquer que sur les dessins remis par la Société suisse la largeur de la voie espagnole est erronée, vu qu'elle doit être de 1 m, 674 au lieu de 1 m, 660.

3° RÉTRÉCISSEMENT A 1 M, 44 DE LA VOIE ESPAGNOLE DE 1 M, 674.

Avant de se lancer dans la nouvelle voie où le Gouvernement espagnol parait vouloir entrer, il avait pensé à transformer les lignes existantes en rétrécissant de 1 m, 674 à 1 m, 44 l'écartement des lignes principales. Or, en ce moment, les chemins de fer espagnols se décomposent comme suit :

Chemins de fer à voie large de 1 m, 674,
 dont 761 km à double voie. . . . . . 11 494 km
Chemins de fer à voie étroite de 1 m, en
 général 4 108
 Total. . . . . 15 602 km

Dans un remarquable travail auquel s'est livré en 1913 l'éminent Ingénieur qui dirige aujourd'hui la Compagnie de Madrid à Saragosse et à Alicante, M. Eduardo Maristany, il fait ressortir les graves inconvénients qui résulteraient de cette opération pour le service pendant la longue période d'années que durerait la transformation, et il estime à 1 milliard de pesetas son coût, ce qui fait ressortir le prix à 83 333 pesetas par kilomètre pour les 12 000 km auxquels il rapporte le devis. Cette estimation, pour laquelle personne mieux que lui ne possédait les éléments, a cependant été contestée, et quelques contradicteurs prétendent qu'elle doit être réduite à 200 ou 300 millions.

Ils oublient certainement de tenir en compte un certain nombre d'éléments de la transformation, tels que les préjudices qu'elle occasionne durant l'opération, le coût du matériel à acquérir pour les premières sections, celui des installations provisoires de la période de transition, etc., et ont dû se borner à évaluer la dépense exclusive de la transformation des ponts, de la voie et du matériel fixe.

Ce que l'on peut affirmer, c'est qu'aujourd'hui, avec l'augmentation de prix du matériel et de la main-d'œuvre, les prévisions de M. Maristany resteraient certainement insuffisantes.

D'ailleurs, l'Ingénieur américain, M. Lavis, est arrivé au même chiffre de 83 333 pesetas par kilomètre pour la transformation de la ligne du Central Aragon, dont il sera question plus loin, et qui a 300 km de longueur, en prévoyant une dépense de 25 millions.

D'autres solutions partielles ont été envisagées ; ainsi pour faciliter la circulation des voyageurs entre Biarritz et Saint-Sébastien, l'on a étudié l'interposition d'un troisième rail entre la frontière et Saint-Sébastien de façon à avoir les deux écartements de 1 m, 44 et 1 m, 67 sur ce trajet, mais rien n'a été fait jusqu'à présent.

L'on a demandé également qu'un troisième rail fût interposé depuis le tunnel international de la ligne de Canfranc en construction jusqu'à Saragosse, et de Port-Bou à Barcelone. Mais cela reviendrait en somme à changer la difficulté de place et non à la faire disparaître.

D'ailleurs, l'une des principales objections que l'on peut faire aux nouvelles lignes projetées à voie de 1 m, 44 en Espagne, c'est qu'elles permettraient le transit des pays étrangers sans transbordement, mais créeraient de nombreuses gares de transbordement intérieures pour les combinaisons avec les chemins de fer espagnols à voie large.

Il convient d'indiquer, en passant, que le rétrécissement des lignes espagnoles entraînerait forcément celui du réseau portugais qui a le même écartement et il en résulterait une dépense d'environ 270 millions pour les 3 220 kilom. qu'il comporte.

CHAPITRE II

Lignes internationales projetées
à travers l'Espagne, le Détroit de Gibraltar
et l'Afrique.

1° EXAMEN DE LA LIGNE ALGÉSIRAS-FRANCE.

Dans l'exposé des motifs de la loi relative à la construction de la nouvelle ligne, il est dit que « les résultats de la guerre » font varier la situation de l'Espagne qui, au lieu d'être une » extrémité de l'Europe, devient un Centre de transit d'un grand » mouvement mondial que le Gouvernement doit faciliter et en » aucune manière gêner. »

Dans le projet de loi lui-même, il est stipulé « que l'on devra » surtout chercher à diminuer la distance entre les points » extrêmes et considérer par conséquent comme d'intérêt secon- » daire le trafic local ». De plus, « le Gouvernement est autorisé » à négocier le rachat ou la location de certaines des lignes » existantes si c'était jugé utile à la réalisation plus facile et » plus économique du projet ». Il est indiqué, en outre, que dans le trajet de Madrid à la frontière l'on tiendra compte dans la mesure du possible du projet déjà approuvé.

Enfin, il y est dit que le Gouvernement espagnol ne pourra pas appliquer cette loi tant que le prolongement de cette ligne jusqu'à embrancher avec celle de Paris-Bordeaux-Dax n'aura pas été convenu avec le Gouvernement français.

La ligne de Madrid à la frontière aura une longueur de 436 km et son coût a été évalué à 354 millions par la Commission d'Ingénieurs chargée des études sous la direction de M Echarte, soit 800 000 pesetas par kilomètre, ce qui n'est pas étonnant pour un chemin de fer électrique à double voie qui cherche surtout à réaliser la plus courte distance sans trop se soucier des montagnes et des fleuves à traverser.

En ajoutant à ce devis quelques dépenses dont il n'a pas été tenu compte comme les frais généraux et les intérêts intercalaires, on arrive au prix de 1 million par kilomètre.

Les recettes prévues sont de 60 000 pesetas par kilomètre.

Le tracé *(fig. 2)* suit presque une ligne droite pour aller de Madrid à Pampelune par Soria, sans desservir aucune ville importante, et franchit les Pyrénées pour aller vers Dax par le col de Urtiage dans les Alduides à 912 m d'altitude par un tunnel de 5 000 m.

La gare internationale doit se trouver à Engui. La ligne de partage des eaux entre le Tage et le Duero est franchie au col de Bochones à 1 233 m d'altitude d'où l'on descend jusqu'à Madrid qui se trouve à 650 m.

De Madrid à Algésiras, la distance actuelle de 744 km par chemin de fer doit être réduite à 640 et l'on parle d'une dépense totale de 1 milliard pour exécuter la ligne complète de 1 076 km d'Algésiras à la frontière française

Au point de vue technique, il n'existe pas de difficulté insurmontable pour construire ce chemin de fer et l'on trouvera toujours des entrepreneurs pour faire les travaux si c'est l'État qui les paie et s'ils n'ont pas d'engagement à prendre au sujet de l'exploitation.

Déjà un puissant groupe américain, « The American International Corporation », a fait examiner la question par le Major Case, l'Ingénieur qui a présidé la mission américaine qui nous a rendu visite en janvier dernier, et que vous avez nommé Membre d'honneur de notre Société; après lui, l'Ingénieur M. Lavis a étudié le projet Madrid à la frontière sur le terrain et a trouvé qu'il suffirait de faire la ligne à simple voie et traction à vapeur de sorte qu'elle ne reviendrait qu'à 175 millions, ou 400 000 pesetas par kilomètre, soit moins que la moitié du devis primitif. Quant aux recettes, M. Lavis les évalue à 25 000 pesetas par kilomètre au lieu de 60 000. Il n'est pas d'avis de négliger le trafic local, et conseille même, pour l'attirer, de construire des embranchements à voie de 1 m, 44 de Pampelune au port de Pasajes, ainsi qu'à Calatayud, tête de ligne du Chemin de fer du Central Aragon allant à Valence, qui serait lui-même rétréci à la largeur de 1 m, 44 pour que le trafic de Valence puisse être échangé avec le reste de l'Europe sans transbordement.

Dans le même ordre d'idées, le Gouvernement a décidé que la ligne directe de Valence à Madrid projetée avec la voie de 1 m, 674 soit également construite à la largeur de 1 m, 44, et il est question de construire une ligne de même écartement de 1,44 de la frontière française à la Corogne ou à Vigo; si ces divers projets se réalisaient, on serait amené, pour sortir d'embarras, à rétrécir tout le réseau espagnol, et comme conséquence à dépenser un nouveau milliard.

2° NOUVELLES LIGNES PROJETÉES EN AFRIQUE.

Le problème du développement des chemins de fer en Afrique a donné lieu à de nombreuses études et publications ; nous rappellerons notamment qu'il a été traité au Congrès de l'Association française pour le développement des travaux publics qui s'est tenu ici en novembre 1912, auquel M. l'amiral Besson a présenté un important travail sur le Transafricain, M. Legouez, sur le projet Berthelot au nom. de la Société d'études du chemin de fer transafricain, et M. Salesses, ancien gouverneur des Colonies, sur les chemins de fer africains en général.

Plus récemment il s'est créé un Comité National du Rail Africain présidé par un ancien ministre des Colonies, M. René Besnard, pour donner de l'impulsion aux projets déjà étudiés et établir un vaste programme de réalisation de 30 000 km de lignes nouvelles par la France.

Il existait déjà, à la fin de 1912, 42 600 km de chemins de fer en exploitation en Afrique, se décomposant comme suit :

Possessions françaises	8 788	km
— anglaises	27 531	
— allemandes	3 869	
— belges	1 441	
— portugaises	838	
— italiennes	138	
TOTAL	42 605	km

Cette situation sera modifiée par suite de l'attribution à la France et à l'Angleterre des colonies allemandes du Cameroun et du Togo dont presque tous les chemins de fer reviendront à la France.

La plupart de ces lignes sont à voie de 1 m, 00 et 1 m, 07, sauf les lignes algériennes, quelques lignes tunisiennes et la partie principale du réseau égyptien qui sont à voie de 1 m, 44. Il en existe également de 0 m, 75 et 0 m, 60 d'écartement, de sorte que le problème de la diversité de largeur des voies qui préoccupe l'Espagne existe également en Afrique.

Les lignes nouvelles du programme du Rail Africain sont les suivantes :

Lignes internationales.	3 740 km
— sahariennes	4 700
— d'Afrique occidentale. . .	12 133
— d'Afrique équatoriale. . .	10 123
Total.	30 696 km

et cela sans compter les lignes importantes projetées également par les autres nations.

La dépense totale prévue est de 3 milliards, à raison de 100 000 fr par kilomètre, et l'on espère réaliser ce programme en quinze ans en construisant 2 000 km en moyenne par an.

La plupart des lignes exploitées jusqu'à présent en Afrique ont été construites pour relier à la mer ou aux grands fleuves les régions qui en étaient le plus rapprochées.

La seule grande ligne dont la réalisation se poursuit d'une façon ininterrompue est celle du Cap au Caire *(fig. 3)*, qui aura 11 052 km de longueur, et 11 260 jusqu'à Alexandrie, dont 3 175 au Congo belge et 8 085 en zone anglaise. Le parcours se fait par la voie mixte, soit 8 047 km par chemin de fer, sur lesquels il reste 1 523 km à construire, et 3 005 km par eau sur le Lualaba, le Congo et le Nil, dont 641 km restent à aménager. Il faut plus de trois semaines, en réalisant dix transbordements, pour effectuer actuellement ce trajet, et il y a peu de probabilités que cette ligne amènera du trafic à Tanger.

Il existe des projets d'autres grandes lignes dirigées du nord au sud et destinées surtout à amener aux ports de la Méditerranée, de préférence à ceux de l'Océan Atlantique, les produits de nos colonies de l'Afrique Centrale, comprises entre le Niger et le Tchad, notamment de la boucle du Niger qui est un centre de richesses agricoles des plus peuplés. Ces lignes seraient raccordées à celles de l'Afrique occidentale, du Congo belge, de la Rhodésia, ainsi qu'à celle du Cap au Caire.

Un des projets les plus anciens est celui de M. Bonnard de Gabès au Tchad qui n'a que 2 000 km de longueur. D'autres partent de Bizerte, de Biskra, d'Alger ou d'Oran. Celui de M. Berthelot, qui a donné lieu à des études des plus sérieuses, part de ce dernier point et remplit bien le programme indiqué. Le projet de M. Souleyre est également à rappeler ici, ainsi que les études de M. Schwich combinant les projets Berthelot et Souleyre.

Enfin, il en est un qui se rapporte plus directement à la question de Tanger-Algésiras-France, c'est celui de Tanger-Dakar prévu dans le programme du Rail Africain ; il a une longueur de 3 500 km, à voie de 1 m,44, et constitue une portion de la route rapide de Paris à Buenos-Ayres.

En outre des grandes lignes Nord-Sud, le Rail Africain prévoit l'achèvement des réseaux de l'Algérie, du Maroc et de nos autres colonies africaines, mais le plus grand nombre de ces lignes considérées comme d'intérêt local seront à voie de 1 m, 00.

On ne peut pas évaluer facilement les recettes que peuvent atteindre ces lignes, d'autant plus que, comme dans les pays neufs, ce sont souvent les chemins de fer qui précèdent et créent le trafic.

D'un côté, les voyageurs, en général, préféreront le confort des grands paquebots à de longs trajets en chemin de fer à travers des régions où ils sont soumis aux supplices de la chaleur, de la poussière et de la réverbération, et ils chercheront à rejoindre le port le plus rapproché pour s'y embarquer, au lieu de se servir des grandes lignes transafricaines; jusqu'au jour, peut-être proche, où l'on traversera couramment le désert en avion ou en dirigeable comme on commence à le faire de l'Atlantique.

Pour les marchandises, les principales richesses de nos plus anciennes colonies se trouvent près des côtes comme, par exemple, les arachides au Sénégal, les minerais de Fouta-Djalon en Guinée, les bois, les huiles de palme, le cacao et le café de la Côte d'Ivoire, du Dahomey et de l'Afrique équatoriale, etc., et elles peuvent être amenées aux ports par la voie fluviale et les voies ferrées qui y aboutissent, pour etre embarquées, car leur transport en Europe par mer sera toujours plus économique.

Les produits de l'Afrique Centrale et du Tchad, tels que céréales bétail, coton, etc., sont peut-être les seuls qui auraient intérêt à se rendre aux ports du Nord, mais ils iraient à Oran ou Alger de préférence à Tanger.

Il est question également de ravitailler la France, par les transafricains, de viandes frigorifiées, et M. Schwich a fait une importante étude à ce sujet au nom du Comité tunisien du froid.

M. Leroy-Beaulieu dans son projet de transafricain estime à 1 ou 1,25 centime le prix des transports de la tonne kilométrique et dans le programme du « Rail Africain » on prévoit 2 centimes, soit 70 fr la tonne du Niger à Alger. Pour le projet Berthelot on ne donne pas de chiffre, mais l'on prévoit des vitesses commerciales de 60 km à l'heure avec des trains de 800 t. Il est d'ailleurs difficile d'être fixé quand on ignore encore quel genre de traction l'on adoptera pour les transafricains qui traversent des milliers de kilomètres de régions désertiques où l'eau est rare et mauvaise et le combustible coûteux, qu'il s'agisse de houille, de bois ou de mazout, et où il faudra sans doute recourir à l'électricité si on trouve la force nécessaire.

De toutes manières, on ne reverra plus jamais les prix de revient de 1 et 2 centimes la tonne kilométrique et aujourd'hui ils se rapprochent un peu partout de 5 centimes sans compter les charges. Avec ce prix, qu'il faudrait appliquer aussi bien en Afrique que sur les parcours espagnols et français, le transport d'une tonne serait d'environ 300 fr sur les 6 000 km environ qu'il y a du Sénégal au centre de la France et, malgré l'élévation des frets, il n'est pas douteux qu'il y aura avantage à emprunter la voie maritime depuis Dakar.

Avant d'en finir avec les chemins de fer africains, nous ferons remarquer que la plupart de ceux déjà exploités depuis quelques années ont donné des résultats satisfaisants au point de vue économique.

Ainsi la ligne de Dakar à Saint-Louis, de 264 km de longueur à voie de 1 m, 00, dont la construction n'a coûté que 85 000 fr par kilomètre, a 20 000 fr de recettes par kilomètre avec un coefficient d'exploitation de 50 0/0, et doit surtout ces résultats au transport des arachides ; celle de Konakry-Kourousse en Guinée, de 588 km de longueur, également à voie de 1 m, 00, a coûté 103 000 fr par kilomètre et produit 8 000 fr par kilomètre avec 55 0/0 comme coefficient.

Une partie des lignes de l'Union Sud-Africaine, de 13 600 km de longueur à voies de 1 m, 07 et 0 m, 75, ont coûté 153 000 fr par kilomètre et ont 27 000 fr de recettes et 57 0/0 de coefficient ; enfin celle de Matadi à Leopoldville (Congo belge), de 400 km de longueur, à voie de 1 m, 00, a coûté 210 000 fr. du kilomètre et donne 31 000 fr de recettes ; tous ces résultats sont antérieurs à la guerre.

3° TRAVERSÉE DU DÉTROIT DE GIBRALTAR.

A. *Projets de tunnel.*

Pour faire de la ligne de Tanger-Dakar, dont il a été question précédemment, le prolongement de celle de France-Algésiras, M. Henri Bressler propose d'établir un tunnel sous le détroit de Gibraltar; il en a présenté le projet au Congrès du Génie Civil, de mars 1918, et parle de faire circuler des trains directs de Paris à Dakar en trois jours sans transbordement.

Or, contrairement à ce qui a lieu pour le tunnel sous la Manche, il n'existe pas de données précises sur les terrains à traverser sous le détroit de Gibraltar.

Nous rappellerons, en effet que, pour le tunnel sous la Manche, 7 600 sondages ont été exécutés par une Commission, dirigée par les célèbres géologues Potier et Lapparent, sondages qui ont démontré l'existence dans le fond du détroit d'une couche de craie cénomanienne imperméable courant d'une rive à l'autre sans faille, ni interruption, et se prêtant admirablement à l'etablissement du tunnel qui aura une longueur de 39 km sous la mer et 14 km sous terre pour les raccordements avec les chemins de fer. Son point le plus bas se trouvera à 50 m au-dessous du fond de la mer et à environ 100 m au-dessous du niveau de celle-ci.

On suppose que l'isthme qui séparait la France de l'Angleterre a été envahi lentement par les eaux, sur une profondeur qui, en certains endroits, ne dépasse pas 35 m et sans altérer les couches plus profondes comme celle de la craie cénomanienne.

Pour le détroit de Gibraltar *(fig. 4)*, il est bordé sur la rive espagnole par la chaîne de montagnes la Sierra Nevada, qui a des cimes comme le Mulhacen de 3 500 m de hauteur à 35 km seulement de la mer et le prolongement de cette chaîne se retrouve sur la rive marocaine où elle atteint des hauteurs de 2 000 m. Cette chaîne de montagnes était continue et, d'après les géologues, c'est à l'époque pliocène que son axe s'est effondré, donnant naissance au détroit de Gibraltar où la mer atteint par endroits des profondeurs de 1 000 m et dont le fond est rocheux et bouleversé.

M. Bressler propose deux tracés, partant des environs de Tarifa

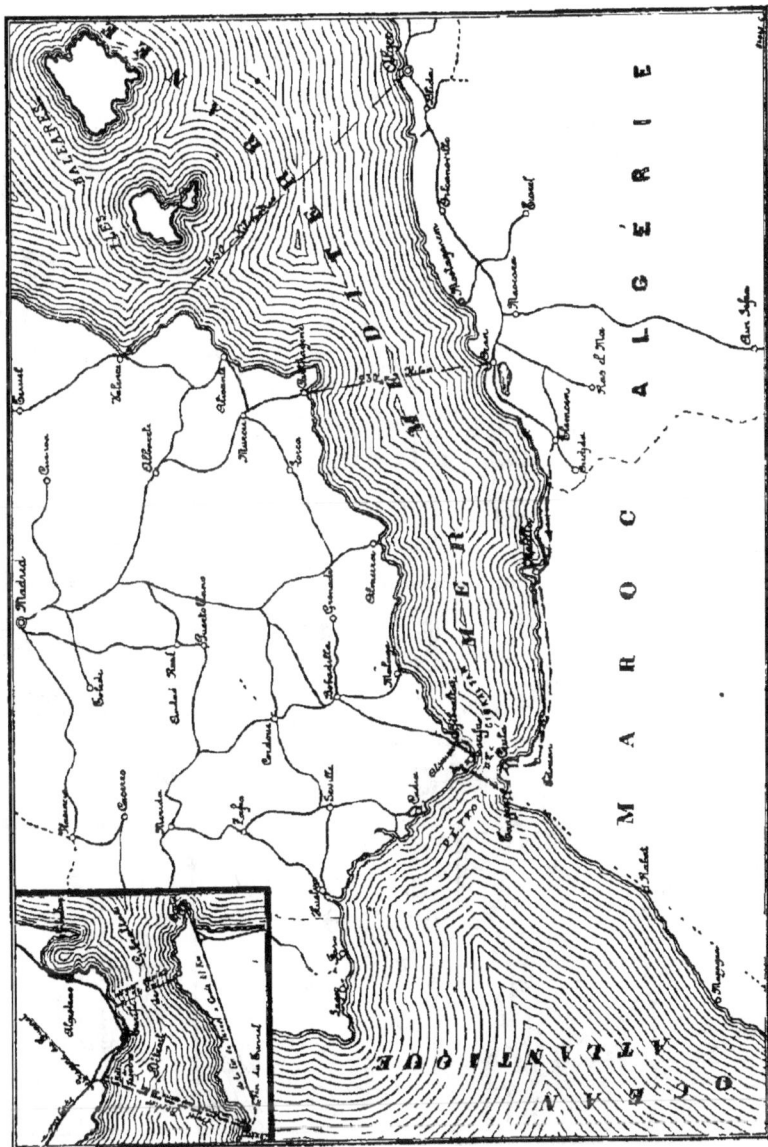

Fig. 4. — Carte du détroit de Gibrallar et environs.

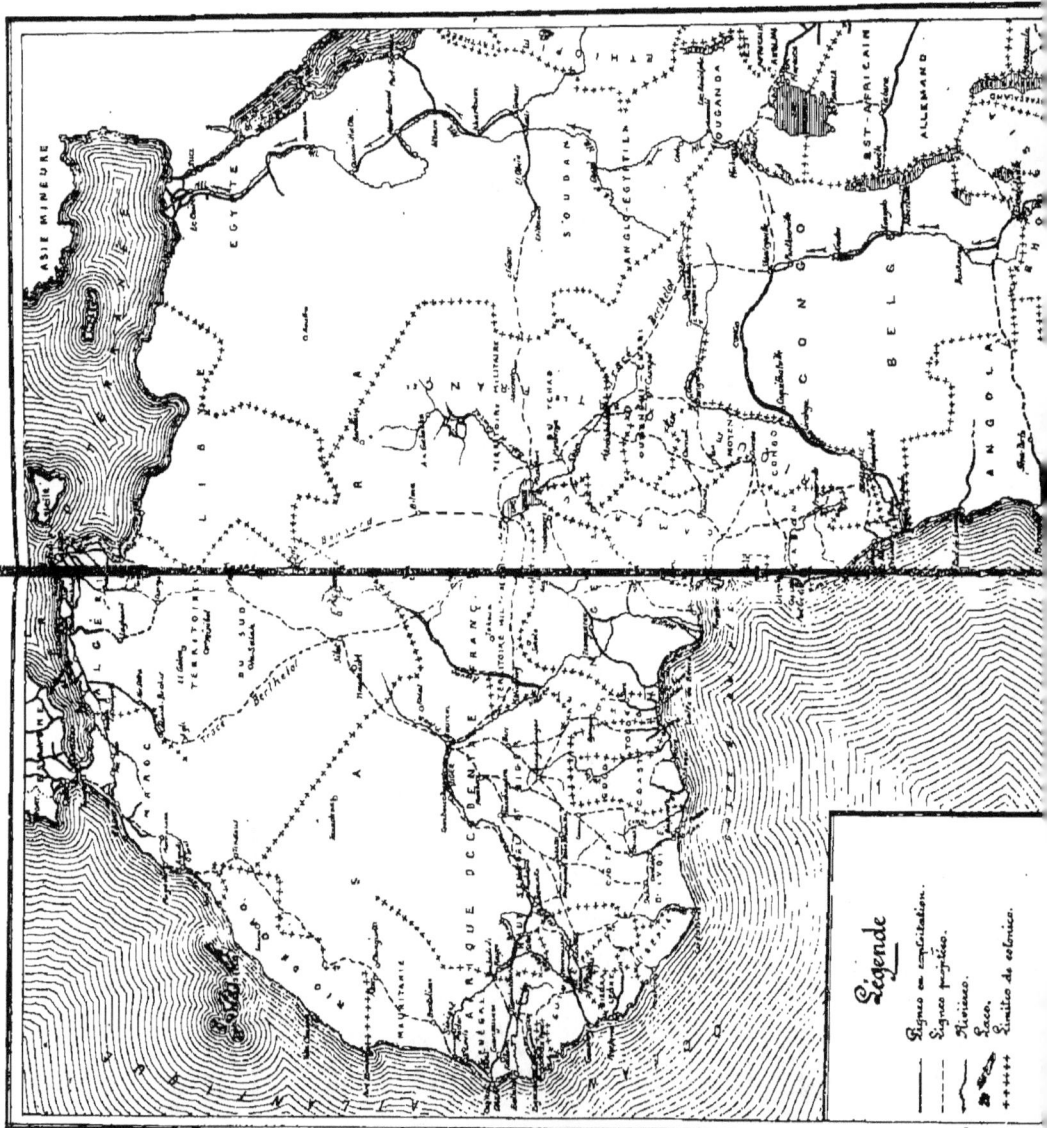

ASIE MINEURE

CHYPRE

ÉGYPTE

LIBYE

SOUDAN ANGLO-ÉGYPTIEN

OUGANDA

CONGO BELG.

EST AFRICAIN ALLEMAND

ANGOLA

TERRITOIRE

SUD

Tracé Berthelot

BÉNIN

AFRIQUE OCC FRANC

MAROC

ALGÉRIE

TUNISIE

MÉDITERRANÉE

MAURITANIE

Légende

— Lignes en exploitation.
--- Lignes projetées.
⋯ Rivières.
≈ Lacs.
+++ Limites de colonies.

et dont nous ne connaissons pas le détail, mais il indique qu'ils obligeront à descendre à 740 ou 760 m et, en laissant au tunnel une couverture de 80 m pour éviter les infiltrations, il résultera qu'au milieu on passera à 820 ou 840 m au-dessous du niveau de la mer. Comme devis, il compte 10 000 fr par mètre, soit 250 millions pour l'un des tracés pour une longueur de 25 km. Il prévoit également une dépense de 110 millions pour les travaux du port de Dakar.

Voici le vœu auquel a donné lieu le rapport de M. Bressler :

« Le Congrès du Génie Civil demande expressément qu'il soit » fait mention de la notice de M. Bressler dans l'ensemble de ses » travaux.

» Le Congrès a estimé que la traversée du détroit de Gibraltar » déjà envisagée en 1898 par l'Ingénieur J.-B. Berlier, quoique » d'apparence aventureuse, sera peut-être un jour réalisée et » qu'il y a lieu de considérer avec intérêt ce nouveau tunnel » sous-marin, pouvant permettre d'aller sans rompre charge de » Londres et Paris au Cap et à Dakar, port français, qui devien- » drait naturellement le point d'aboutissement des diverses » lignes transaméricaines vers l'ancien continent ».

Nous nous rallions volontiers à ce vœu tout en faisant observer que, même sans le tunnel, rien n'empêcherait de desservir à Dakar les lignes transaméricaines une fois que la ligne de Tanger à Dakar serait construite.

Le projet plus ancien de M. Berlier auquel il est fait allusion a été décrit dans le *Génie Civil*, le 19 février 1898, et il visait surtout les communications avec l'Algérie, au moyen d'une ligne qui suivait la côte par Ceuta, Tetouan, Melilla et Némours et se soudait au réseau algérien dans le Sud-Oranais à Tlemcen.

Ce projet *(fig. 5)* part de la baie de Vaqueros, un peu à l'ouest de Tarifa qui se trouve à 20 km, au sud d'Algésiras et jusqu'où doit être prolongé le chemin de fer, et aboutit à Tanger sans rencontrer de profondeur supérieure à 400 m. Avec les tunnels d'approche en rampe de 25 mm, la longueur totale du tunnel est de 41 km, et son point le plus bas est à 440 m. L'auteur prévoit un prix de 3 000 fr par mètre qui est évidemment beaucoup trop bas, en supposant que la construction soit possible, car les objections, à la profondeur près, sont les mêmes que pour le projet Bressler.

Il suppose un nombre de 600 voyageurs à transporter par jour, à 10 fr chacun et 700 t de marchandises qui paieraient

Profil en long du tunnel sous la Manche (Projet Sartiaux).

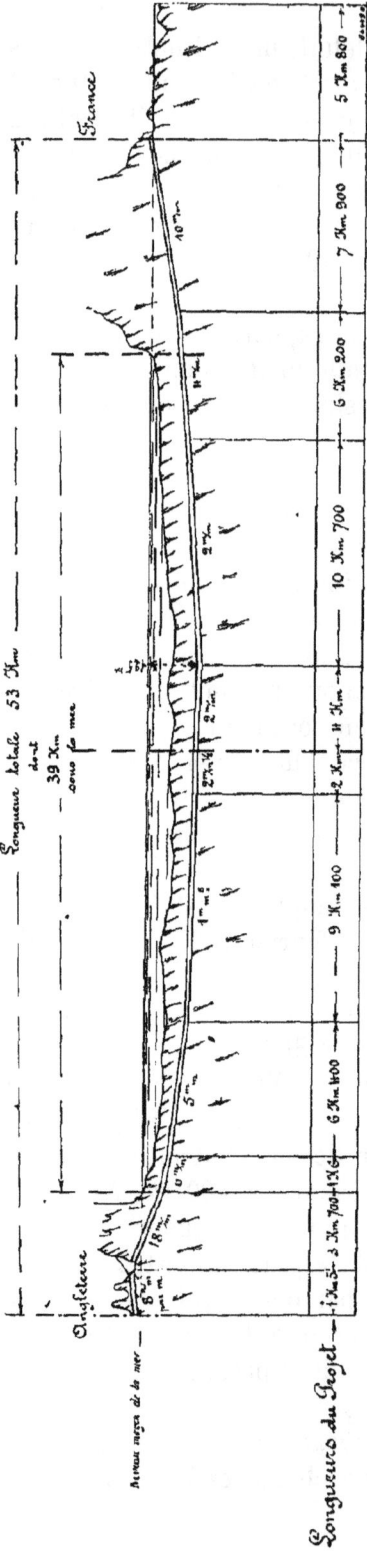

Profil en long du tunnel sous le détroit de Gibraltar (Projet Berlier).

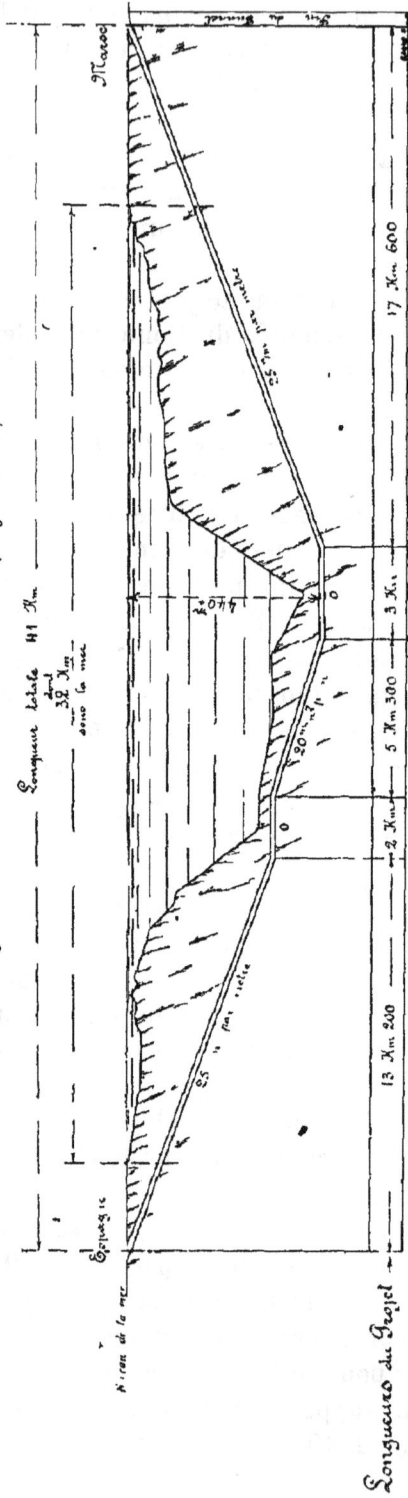

Fig. 5. — Profils des tunnels sous la Manche et sous le détroit de Gibraltar.

20 fr chacun, et deux trains dans chaque sens suffiraient largement pour faire face à ce trafic ; on est loin des 130 trains dans chaque sens du tunnel sous la Manche pouvant chacun transporter une charge de 1 000 t utiles.

Quant au chemin de fer de Tanger à Tlemcen, de 450 km de longueur, son coût est estimé à 90 millions à raison de 200 000 fr par kilomètre et les recettes à 14 000 fr par kilomètre.

Il a été question également ces temps derniers de la formation à Barcelone d'un Comité en vue de la construction du tunnel de Gibraltar d'après les plans du Colonel Rubio qui se livrerait déjà à des sondages et autres travaux préparatoires.

B. *Projet de tube.*

Un Ingénieur espagnol, M. Carlos Mendoza, qui considère le projet de tunnel comme irréalisable, propose une autre solution consistant à établir à une profondeur de 20 à 25 m au-dessous du niveau de la mer un tube métallique amarré des deux côtés du détroit et suspendu tous les 500 m par des bouées flottantes de 4 000 t de déplacement. Ce tube de 3 m de diamètre, installé à l'endroit le plus étroit du détroit, formerait un système caténaire de 14 km de longueur et de 28 travées, ayant chacune 3 m de flèche, et donnerait passage à des véhicules automoteurs électriques qui effectueraient la traversée des voyageurs, du courrier et des marchandises de petit volume, en quelques minutes.

De chaque côté du détroit, l'on construirait un petit port qui entourerait les points d'attache du tube et ses jonctions avec les tunnels d'accès. Le poids total d'un tube est évalué à 160 000 t par l'auteur du projet et le coût total de l'installation à 200 millions de pesetas, y compris les tunnels d'accès.

Ce tube ne résisterait pas aux courants violents qui règnent dans le détroit, ni au choc d'un sous-marin, ni d'un bateau en train de sombrer et sa jonction étanche avec les tunnels d'accès paraît irréalisable. D'ailleurs, M. Mendoza n'a pas envisagé le passage d'un train à voie de 1 m,44 et l'on n'éviterait pas les transbordements.

Une idée analogue à celle de l'immersion d'un tube métallique avait, d'ailleurs, déjà été émise au sujet de la traversée de la Manche, par Sir Edward J. Read, ancien chef des constructions navales de l'Amirauté anglaise qui avait proposé la cons-

truction d'un pont tubulaire métallique placé à 20 m sous l'eau
sur des piles noyées dans le fond, et la Chambre des Communes
l'avait approuvé en principe en 1891.

Ce projet a été abandonné comme tant d'autres et n'aurait
pas été applicable au détroit de Gibraltar en raison de sa grande
profondeur.

4. EXAMEN FINANCIER DU PROJET ALGÉSIRAS-FRANCE.

Il résulte de notre exposé qu'une faible partie seulement du
trafic du vaste réseau africain existant et projeté transiterait par
la ligne Algésiras-France, et comme le tunnel sous le détroit de
Gibraltar est de réalisation douteuse on ne peut pas compter
non plus sur la continuité du rail sur les deux continents.

Aussi nous limiterons-nous à examiner au point de vue finan-
cier le projet de la ligne Algésiras-France.

Nous ignorons sur quelles bases les évaluations de dépenses
de construction et de recettes d'exploitation ont été faites. Pour
les premières, nous ne pouvons que rappeler que des devis
établis sur des avant-projets pour des travaux de cette importance et qui présentent tant d'aléas sont presque toujours largement dépassés, et à plus forte raison est-on exposé à de graves
mécomptes quand l'on veut construire une ligne comme celle de
Madrid à Algésiras pour laquelle il n'existe même pas d'avant-
projet.

Quant aux recettes, rien n'est plus difficile que de les chiffrer
pour des lignes de cette nature qui doivent s'alimenter spécialement d'un trafic intercontinental à créer et négliger le trafic
local.

La ligne du Nord de Madrid à Irun et Ségovie, dont une grande
partie est en exploitation depuis plus de cinquante ans, est arrivée
avant la guerre, en 1913, année normale, à faire 56 000 pesetas
par kilomètre, et en 1917, pour des raisons transitoires dues à la
guerre et spécialement à la suppression du cabotage, à 66 000
pesetas ; or, cette ligne transporte tout le trafic échangé entre
le nord de la France, le nord-ouest de l'Europe, avec Madrid et
le sud de l'Espagne, et le Portugal, et a comme trafic local tous
les échanges avec les Asturies, la Galice, Santander, la vieille
Castille, l'Alava, le Guipuzcoa, etc.

Il est donc certain que la nouvelle ligne, qui, en dehors du trafic international, n'aspire qu'à celui de Pampelune et Soria, ne peut arriver à 60 000 pesetas par kilomètre, et M. Lavis est plus près de la vérité avec 25 000 pesetas.

Nulle évaluation de recettes ne semble avoir été faite pour le trajet Madrid-Algésiras, mais les recettes de l'ancien réseau du Madrid-Saragosse-Alicante, dont beaucoup de lignes sont plus anciennes que celles du Nord, ont été en 1913 de 33 000 fr par kilomètre et en 1917 de 40 000 ; pour le réseau Andalous elles ont été respectivement de 24 000 et 28 000 pesetas.

Voici d'ailleurs portés sur le tableau 1 les résultats des trois principales lignes espagnoles représentant 8 605 km sur les 11 466 dont se compose l'ensemble de celles à voie de 1 m, 674, soit 75 0/0 pendant les exercices 1913, l'année d'avant la guerre, et en 1917 et 1918.

Il résulte de ce tableau que les recettes de ces trois lignes ont passé en trois ans de 319 millions à 436, c'est-à-dire de 37 000 pesetas par kilomètre à 50 000, en augmentation de 35 0/0, et que les dépenses ont progressé de 158 à 335 millions ou de 18 000 à 39 000 pesetas par kilomètre, c'est-à-dire de 112 0/0, et le coefficient d'exploitation a varié de 50 à 78 0/0. Comme résultat final, après paiement des charges, il y avait une insuffisance de 17 millions en 1918 contre un bénéfice de 50 millions en 1913. Ces 17 millions se composent de 20 millions de déficit au Norte, de 3 millions environ de bénéfice au M. Z. A. et un peu plus d'un demi-million de bénéfice aux Andalous. Il ne faut pas oublier que pour ces lignes il n'existe aucune garantie d'intérêt et de dividende, et que malgré l'augmentation de 15 0/0 concédée récemment sur les tarifs, en général, et le relèvement de beaucoup d'autres qui étaient inférieurs aux prix de revient, cette situation n'a pas tendance à s'améliorer tant en raison des nouvelles exigences du personnel que de la stabilisation partielle de la hausse des matières et des combustibles dont les prix ne reviendront pas plus à ceux d'avant guerre qu'en France.

Comme prix de revient des transports, il résulte des statistiques de la Compagnie de Madrid à Saragosse et à Alicante que le coût de l'unité kilométrique, en comptant un voyageur pour une tonne de marchandises, a été de 3,12 centimes en 1913 et de 5,21 en 1918, sans compter les charges du capital, et de 5,48 et 7,07 respectivement en tenant compte de celles-ci.

Le produit moyen de la tonne kilométrique de P. V. a passé

TABLEAU 1.

Résultats d'exploitation des trois plus Grands Réseaux Espagnols en millions de pesetas.

DESIGNATION des réseaux	LONGUEURS kilométriques en 1918	1913						1917						1918					
		RECETTES	DÉPENSES	PRODUITS NETS	CHARGES	SOLDES	COEFFICIENTS D'EXPLOITATION 0/0	RECETTES	DÉPENSES	PRODUITS NETS	CHARGES	SOLDES	COEFFICIENTS D'EXPLOITATION 0/0	RECETTES	DÉPENSES	PRODUITS NETS	CHARGES	SOLDES	COEFFICIENTS D'EXPLOITATION 0/0
Nord	3 681	155	77	78	55	+ 23	50	180	123	57	56	+ 1	68	204	167	37	57	— 20	82
M. Z. A. . . .	3 663	134	64	70	46	+ 24	48	168	103	65	50	+ 13	61	193	140	53	50	— 3	73
Andalous . . .	1 261	30	17	13	10	+ 3	55	36	24	12	11	+ 1	66	39	28	11	11	0	72
ENSEMBLE. . .	8 605	319	158	161	111	+ 50	50	384	250	134	117	+ 17	65	436	335	101	118	— 17	78

de 6,85 à 7,26 centimes, mais celui du voyageur-kilomètre a baissé de 4,76 à 4,71, et celui de l'unité kilométrique a passé de 6,53 à 6,96, laissant ainsi un déficit de 0,11 par unité en 1918, compensé par un produit un peu supérieur des recettes en dehors du trafic et cela sans rémunérer le capital actions.

En France, la situation est encore plus mauvaise et nous allons donner également les résultats de l'exploitation de nos principales lignes sur le tableau n° 2.

Beaucoup de nos tarifs étaient déjà inférieurs aux prix de revient avant la guerre, et il n'est pas étonnant que celle-ci ait causé des déficits d'exploitation de plus en plus considérables parce que l'on n'a pas su, en temps opportun, les mettre en harmonie avec les dépenses.

Pour l'ensemble des grands réseaux français les dépenses ont monté de 1913 à 1918 de 1 277 millions à 2 486, c'est-à-dire elles ont presque doublé, tandis que les recettes n'ont augmenté que de 2 021 millions à 2 517 millions, c'est-à-dire de 25 0/0. Le déficit total qui était de 63 millions en 1913 est monté jusqu'à 2 milliards et demi pour la période de 1914 à 1918 dont 1 750 millions sont directement à la charge de l'État pour son réseau et ceux encore garantis de l'Est, de l'Orléans et du Midi.

Pour l'année courante il avait été prévu un déficit de 1 600 millions, mais l'application des nouvelles échelles de traitement réclamées par la Fédération des cheminots, de la journée de huit heures, etc., etc., porteraient ce déficit à plus de 3 milliards, de sorte qu'il atteindrait 5 milliards et demi depuis le commencement de la guerre, d'après le détail suivant :

Déficit de 1914	330	millions
— 1915	358	—
— 1916	342	—
— 1917	544	—
— 1818	923	—
— 1919	3 000	—
TOTAL 1914 à 1919. . .	5 497	millions

Le coefficient d'exploitation de l'ensemble des grands réseaux qui était de 63 0/0 en 1913 est arrivé à 83 0/0 en 1917 et à 98 0/0 en 1918, c'est-à-dire qu'en 1918 les dépenses d'exploitation n'ont été inférieures aux recettes que de 31 millions, ce qui donne un déficit de 923 millions en tenant compte des charges qui montaient à 954 millions.

TABLEAU 2.

Résultats d'exploitation des Grands Réseaux Français en millions de francs.

DÉSIGNATION des RÉSEAUX	LONGUEURS KILOMÉTRIQUES en 1918	1913						1917						1918					
		RECETTES	DÉPENSES	PRODUITS NETS	CHARGES	SOLDES	COEFFICIENTS D'EXPLOITATION 0/0	RECETTES	DÉPENSES	PRODUITS NETS	CHARGES	SOLDES	COEFFICIENTS D'EXPLOITATION 0/0	RECETTES	DÉPENSES	PRODUITS NETS	CHARGES	SOLDES	COEFFICIENTS D'EXPLOITATION 0/0
État	9 103	324	277	47	115	— 68	85	381	448	— 67	155	— 221	117	455	570	— 115	162	— 277	125
Nord	3 860	336	206	130	122	+ 8	61	285	253	32	142	— 110	88	288	328	— 40	156	— 196	114
Est	5 027	304	187	117	110	+ 7	61	275	218	57	123	— 66	77	316	305	11	126	— 115	96
Orléans	7 374	309	183	126	144	— 18	59	409	280	129	151	— 22	68	494	424	70	148	— 78	86
P.-L.-M.	9 795	597	340	257	248	+ 9	57	684	513	171	263	— 94	75	780	699	81	290	— 209	90
Midi	4 057	151	84	67	68	— 1	56	163	121	42	72	— 30	75	184	160	24	72	— 48	87
ENSEMBLE	39 216	2 021	1 277	744	807	— 63	63	2 197	1 833	364	908	— 544	83	2 517	2 486	31	954	— 923	98

Pour le réseau de l'État seul, le déficit qui était de 68 millions en 1913 a atteint 533 millions pendant les quatre premières années de guerre et est de 809 millions à la fin de 1918. Son coefficient d'exploitation a passé de 85 0/0 en 1913 à 117 0/0 en 1917 et à 125 0/0 en 1918 et, comme l'on voit, il est bien supérieur à celui des autres réseaux ; la dernière année son déficit a atteint 277 millions, dont 115 millions provenant de l'excédent de dépenses sur les recettes et 162 millions des charges.

Ces résultats désastreux proviennent de ce que par suite de l'augmentation du prix des combustibles et autres matières et des diverses allocations de cherté de vie et augmentations de traitement concédées au personnel, les dépenses ont augmenté plus vite que les recettes ; les prix de revient des transports sont devenus supérieurs aux tarifs, et cela d'autant plus que les transports militaires, tant pour la France que pour les Alliés, et qui rentrent pour une part considérable dans le trafic des Compagnies, sont taxés d'après le traité Cotelle à des types qui étaient déjà inférieurs aux prix de revient d'avant-guerre.

L'augmentation de 25 0/0 sur les tarifs et de 50 0/0 sur les frais accessoires appliquée depuis un an est à peine suffisante pour faire face aux augmentations antérieures des salaires déjà en vigueur, elle ne couvre pas les plus récentes, et il faut s'attendre bientôt à une nouvelle augmentation générale, beaucoup plus importante quand on appliquera les nouvelles bases et la journée de huit heures.

On pourra de même obtenir une amélioration de la situation en relevant de nombreux et importants tarifs qui sont de beaucoup inférieurs aux prix de revient, et en révisant dans le même sens le traité Cotelle qui est une des causes principales de cette situation, comme le Gouvernement vient de le proposer aux Chambres par le projet de loi du 13 juin dernier.

Il serait équitable également de supprimer la franchise des bagages et d'établir une surtaxe pour les express, comme cela existe dans un grand nombre de pays. Il est d'ailleurs assez naturel de faire supporter les insuffisances de recettes des chemins de fer par les personnes, tant les étrangers que les nationaux qui utilisent ces moyens de locomotion, et non de les faire payer sous forme d'impôts à l'universalité des contribuables français. Nous ferons remarquer en ce qui concerne les marchandises que les prix de transports entrent en général pour une si faible proportion dans les prix de vente des objets et matières, que même si on les transportait gratuitement le consommateur n'en profiterait pas ; il suffit d'indiquer que dans le prix du litre de vin, par exemple, qui, au détail a passé de 0 fr, 30 le litre à 2 fr, 50, le transport n'entre que pour moins de 2 centimes, pour le blé payé à raison de 75 fr les 100 kg au cultivateur, le transport ne représente dans ce prix que 1 fr, 20 pour une distance de 250 km. En somme, le tarif moyen de la tonne est actuellement inférieur à 5 centimes par kilomètre, ce qui est à peu près le prix de revient de son transport et cela sans tenir compte des charges auxquelles correspond encore une dépense de 2 centimes environ par tonne kilomètre.

Cette digression un peu longue me permet de prévoir de graves mécomptes financiers comme conséquence de la construction et de l'exploitation de chemins de fer comme celui d'Algésiras-France.

Pour fixer les idées, nous rappellerons que le coût de premier établissement des 1 076 km de cette ligne a été estimé à 1 milliard, ce qui exigera avec un intérêt de 6 0/0 et amortissement en 99 ans (annuité 6,0188) une charge annuelle de pesetas. 60 188 000

Avec 25 000 pesetas de recettes par kilomètre et un coefficient d'exploitation de 80 0/0, la recette nette sera de. 5 380 000

Il en résulte une insuffisance annuelle de pesetas . 54 808 000

Si nous prenons même 30 000 pesetas de recettes par kilomètre, chiffre tout à fait improbable surtout si nous tenons compte des nouvelles lignes transpyrénéennes en construction et dont il sera question plus loin, il restera encore un déficit de 49 millions et demi de pesetas par an.

CHAPITRE III

Essais antérieurs pour établir des services directs entre l'Europe et l'Afrique par l'Espagne et améliorations possibles.

Il n'est pas besoin de lignes nouvelles pour faciliter les relations entre l'Europe et l'Afrique à travers l'Espagne, et des tentatives ont été faites en 1908 pour établir des services directs de

Londres et Paris à Algésiras et Tanger et de Paris à Carthagène, Oran et Alger.

Les résultats n'ont pas été brillants, car on a voulu se servir en grande partie des trains existants, qui n'avaient pas toujours de bonnes combinaisons, et ce n'est que sur quelques trajets en Espagne qu'on a créé des trains spéciaux ; aussi, au bout de peu de mois, ces services ont été supprimés.

1° Londres-Paris-Tanger.

Le service sur le Maroc avait lieu une fois par semaine et comportait des voitures directes de Boulogne à Irun et d'Irun à Algésiras et retour, qui empruntaient à Paris et à Madrid les lignes de ceinture. La durée du trajet de Londres à Algésiras était de 56 heures pour 2 620 km, soit une vitesse commerciale de 47 km à l'heure. Il n'avait pas été possible d'assurer une combinaison directe d'Algésiras à Tanger, mais il existait diverses lignes de navigation qui effectuaient la traversée en 2 heures et demie pour une distance de 60 km.

2° Améliorations des services sans lignes nouvelles.

Le tableau n° 3 donne tous les détails de ce service, qu'il serait facile d'améliorer en modifiant certains trains et en en créant de nouveaux spécialement à cet effet, ainsi qu'en établissant un service maritime combiné avec eux entre Algésiras et Tanger ; si les Gouvernements intéressés ont réellement l'intention de favoriser ces relations, ils pourraient sans de bien grandes dépenses leur concéder des subventions ou des garanties.

Sur ce tableau nous indiquons que dans l'état actuel des lignes l'on pourrait aller de Londres à Tanger en 49 heures au lieu de 59, soit en 10 heures de moins qu'avec le service établi en 1908, et une vitesse moyenne de 54 km au lieu de 45 sur l'ensemble du parcours. De Paris à Tanger, l'on mettrait 41 heures au lieu de 49, soit 8 heures de moins, pour 2 259 km.

En attendant la construction des chemins de fer marocains, l'on pourrait créer également un service maritime entre Algésiras et Casablanca et gagner ainsi beaucoup de temps sur les services actuels.

TABLEAU 3.   Service direct de 1908 entre Londres, Paris et Tanger.

PARCOURS	LIGNES ACTUELLES			RACCOURCIS : BURGOS-SÉGOVIE CORDOUE-PUERTOLLANO		LIGNES NOUVELLES : ALGÉSIRAS-FRANCE	
	Distances kilom.	SERVICE 1908 heures (1)	SERVICE accéléré heures (1)	Distances kilom.	Durées heures (1)	Distances kilom.	Durées heures (1)
PARTIELS :							
Londres-Paris	416	9,30	8	416	8	416	8
Paris-Frontière.	824	12,45	10	824	10	840	10
Frontière-Madrid	631	16	12	569	11	436	9
Madrid-Cordoue	442	10,25	9	353	7	338	6
Cordoue-Algésiras. . . .	302	7,10	7	302	7	302	7
Algésiras-Tanger	60	3	3	60	3	60	3
TOTAUX :							
Madrid-Algésiras	744	17,35	16	655	14	640	13
Frontière-Algésiras. . . .	1 375	33,35	28	1 224	25	1 076	22
Paris-Madrid	1 455	28,45	22	1 393	21	1 276	19
Paris-Tanger.	2 259	49,20	41	2 408	38	1 976	35
Londres-Tanger	2 675	59,10	49	2 524	46	2 392	43

(1) Arrêts compris.

3.

Sur le même tableau nous avons indiqué les distances et l'économie de temps que l'on pourrait réaliser avec la ligne projetée d'Algésiras-France.

De la frontière à Madrid la longueur prévue est de 436 km contre 631 qui existent depuis Irun, soit 195 km de moins, et étant donnés les profils nous ne pensons pas que la vitesse commerciale pourra être supérieure à 50 km sur les deux lignes, ce qui donnerait environ 12 heures d'un côté et 9 de l'autre, soit 3 heures d'économie.

Entre Madrid et Algésiras, aucune étude n'a encore été faite, mais l'on prévoit une distance de 640 km contre 744 qu'il y a actuellement, que l'on mettrait 13 heures à parcourir au lieu de 16. Sur le trajet total, de la frontière française à Algésiras, les distances seraient réduites de 1375 à 1076 km, et les temps de parcours de 28 à 22 heures, soit 299 km et 6 heures de moins.

3° RÉSUMÉ D'UNE BROCHURE SUR LE PROJET ALGÉSIRAS-FRANCE.

Dans une brochure qui vient d'être publiée à Madrid intitulée « Une opinion au sujet du projet de chemin de fer direct entre la frontière française et le port d'Algésiras », l'auteur anonyme indique une solution moins coûteuse qui consisterait à utiliser une partie des lignes existantes, sans en modifier la largeur, en passant par Irun, Burgos, Ségovie du réseau du Nord, et en construisant au besoin une ligne directe de Burgos à Ségovie de 200 km de longueur, ce qui donnerait une longueur de 569 km, soit 133 km de plus que la ligne projetée de la frontière à Madrid et 62 km de moins qu'actuellement *(fig. 2 et 6)*.

Sur les 369 km de la ligne d'Irun-Madrid qui resteraient, 230 sont déjà à double voie, et il suffirait de doubler les autres 139 km pour améliorer considérablement l'exploitation de cette ligne, avec une dépense de 230 millions au lieu de 436 millions que coûterait la nouvelle ligne de la frontière à Madrid.

Quant au tracé de Madrid à Algésiras, on utiliserait sur 211 km la ligne de Madrid à Puertollano qui appartient au réseau de la Compagnie de Madrid à Saragosse et à Alicante, on construirait la ligne directe de Puertollano à Cordoue, de 142 km de longueur, projetée depuis bien longtemps, et l'on utiliserait le réseau des Andalous de Cordoue à Algésiras, soit 302 km, ce

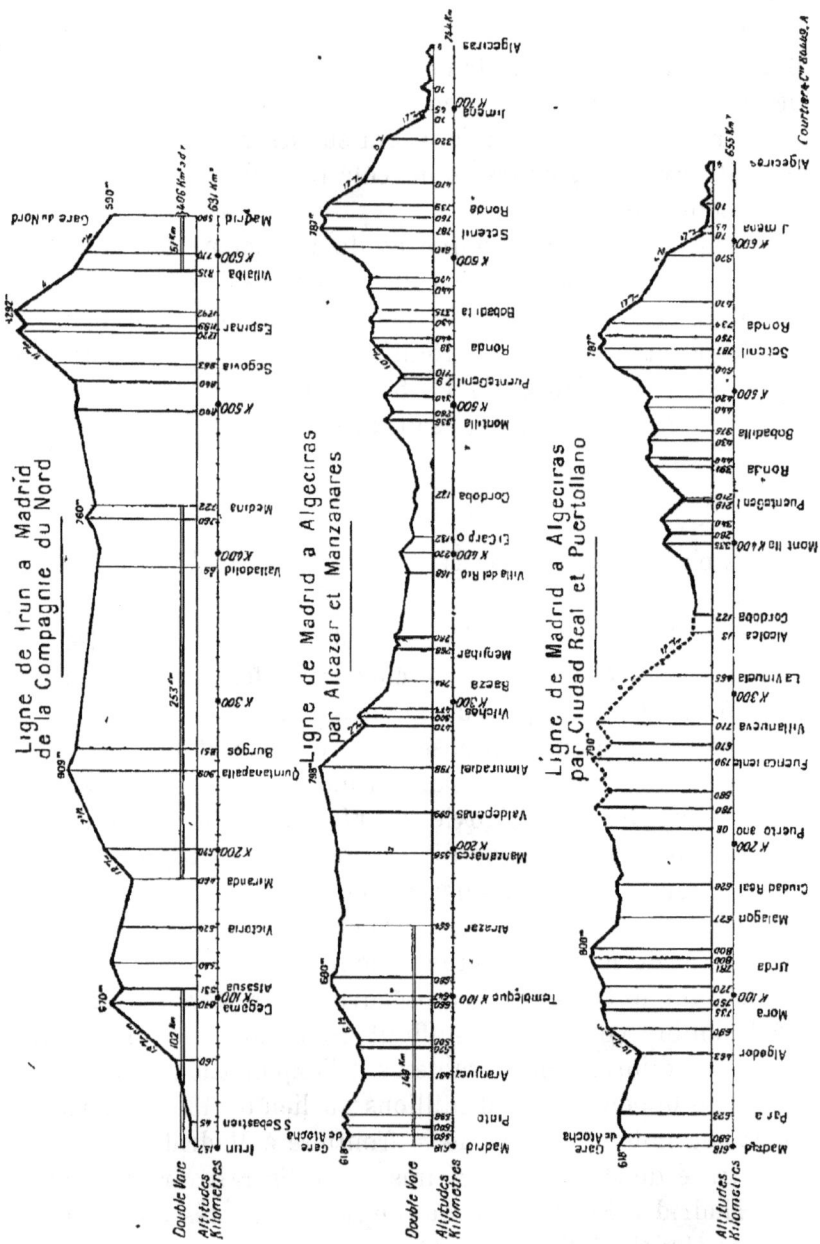

Ligne de Irun a Madrid de la Compagnie du Nord

Ligne de Madrid a Algeciras par Alcazar et Manzanares

Ligne de Madrid a Algeciras par Ciudad Real et Puertollano

Fig. 6 — Profils en long Irun-Madrid-Algésiras.

qui donnerait 655 km de Madrid à Algésiras, 15 km de plus que les 640 km du nouveau projet, et 89 km de moins que les 744 km de la route actuelle par Madrid-Alcazar-Cordoue-Algésiras. En établissant la double voie de Madrid à Puertollano et de Cordoue à Algésiras, sur 513 km, on dépenserait en tout 270 millions de Madrid à Algésiras au lieu des 564 du nouveau projet.

En somme, l'on obtiendrait ainsi pour 500 millions une ligne à double voie d'Irun à Algésiras d'une longueur de 1 224 km au lieu du nouveau projet de 1 076 km qui coûterait 1 milliard, ce qui fait 500 millions de moins de dépense et 148 km de plus de parcours sur celui du projet du Gouvernement et 151 km de moins qu'actuellement, sans compter le milliard que l'on serait amené à dépenser par suite du nouveau projet pour rétrécir les 12 000 km de tout le réseau espagnol de 1 m, 674 à 1 m, 44. L'économie de temps est évaluée par l'auteur de la brochure à raison d'une heure par 50 km à 3 heures sur le trajet actuel et l'on mettrait 3 heures de plus qu'avec la ligne nouvelle depuis la frontière jusqu'à Algésiras.

Ces résultats sont également portés sur le tableau déjà indiqué n° 3.

4° Paris-Carthagène-Oran.

Dans les projets que nous venons d'examiner, il n'est question que de faciliter les relations avec l'Afrique par Algésiras.

Il est tout aussi intéressant d'examiner les relations de la France avec l'Algérie, mais là il est surtout question de réduire la durée de la traversée pour les voyageurs, et c'est à cela qu'obéissait le service qui avait été également établi en 1908 de Paris à Oran par Carthagène, deux fois par semaine.

Il existait déjà depuis longtemps un service maritime de Carthagène à Oran, fait une fois par semaine par un bateau de la Compagnie Générale Transatlantique française, mais il n'avait aucune combinaison avec les trains, et les voyageurs perdaient beaucoup de temps à Madrid et à Carthagène dans les deux sens.

La principale difficulté pour établir des services directs, en plus de ceux naissant du grand nombre de Compagnies à mettre d'accord, était d'avoir un bon bateau assurant les combinaisons, deux fois par semaine, avec les chemins de fer à Carthagène et

à Oran, et c'est la Compagnie Transatlantique espagnole, qui se
prêta à le fournir à titre d'essai.

Les voitures-lits directes attelées à des trains existants allaient
de Paris à Barcelone, avec transbordement à Portbou, deux fois
par semaine et elles allaient de là par un service spécial par
Valence, Alicante et Murcie jusqu'au port de Carthagène, où l'on
s'embarquait directement pour Oran, et réciproquement.

Le trajet Paris-Carthagène, de 1 888 km, se faisait en 37 heures
dont 1 042 en France de Paris à Portbou, en 16 heures, et 846
en Espagne de Port-Bou à Carthagène, en 21 heures, d'où une
vitesse commerciale de 50 km en moyenne, soit 65 en France
et 40 en Espagne. La traversée se faisait en 9 heures de Carthagène à Oran, de 9 h. 45 à 18 h. 45, et dans le sens inverse dans
les mêmes conditions les lendemains (Tableau n° 4).

TABLEAU 4. — **Paris-Oran par Carthagène**
Service établi du 16 mars au 15 juillet 1908.

PARCOURS	DISTANCES kilomètres	TEMPS EMPLOYÉ arrêts compris heures
PARTIELS		
Paris-Port-Bou par Lyon.	1 042	16
Port Bou-Barcelone	167	3,45
Barcelone-Valence	367	8,40
Valence-Alicante.	192	5,35
Alicante-Carthagène	120	3,25
Carthagène-Oran	230	9
Oran-Alger.	421	10,30
TOTAUX		
Port-Bou-Carthagène	846	21,25
Paris-Barcelone	1 209	19,45
Paris-Carthagène	1 888	37,25
Paris-Oran	2 118	47,25
Paris-Alger	2 539	59,50

On pouvait combiner avec Alger avec un grand battement à
Oran au moyen des express de nuit qui circulent entre ces deux

villes, et qui mettaient 10 heures et demie pour parcourir la distance de 421 km qui les sépare.

L'on mettait ainsi 47 heures environ entre Paris et Oran, et 60 heures entre Paris et Alger.

Il en résulte que le temps nécessaire était à peu près le même par Marseille et Carthagène pour aller de Paris à Oran, mais qu'il fallait 20 heures de plus pour Alger, l'avantage de la voie Carthagène consistant à réduire le parcours par bateau à 9 heures au lieu de 30 et 26 respectivement.

Pour Alger, l'on pourrait établir une combinaison par Valence avec un bon service maritime entre ces deux ports; on pourrait ainsi faire le trajet Paris-Alger à peu près dans le même temps que *vid* Marseille avec moins d'heures de navigation et en évitant le Golfe du Lion où la mer est plus souvent mauvaise.

Ce service n'a duré que quatre mois du 16 mars au 15 juillet 1908, et la statistique, relative à 34 trains dans chaque sens, montre que, dans le sens Paris-Oran, il n'a circulé en tout que 136 voyageurs, dont 22 provenant d'au delà la frontière:

> 55 de Barcelone,
> 37 de Valence,
> 10 d'Alicante,
> et 12 de provenances diverses.

Le bateau a transporté 620 voyageurs, dont 59 de première classe, 52 de deuxième, 25 de troisième et 484 de quatrième, soit 18 par voyage.

Dans le sens Oran-Paris il y a eu 1 662 voyageurs dont 90 en première classe, 76 en deuxième, 134 en troisième et 1 362 en quatrième, soit 49 par bateau.

Les trains ont transporté 221 voyageurs, dont:

> 67 pour au delà de Cerbère,
> 79 pour Barcelone,
> 52 pour Valence,
> 19 pour Alicante,
> et 4 divers.

Il en résulte que le service a été utilisé d'une façon insignifiante par les voyageurs français, tant à cause de la faible durée de l'essai que parce qu'il était très coûteux, ne comportant que des wagons-lits. Il pourrait être repris et amélioré, tant en gagnant quelques heures sur le trajet Paris-Carthagène qu'en ajoutant aux trains, en plus de wagons-lits, des voitures de première classe et même de deuxième, pour les rendre accessibles à des voyageurs moins fortunés ; il faudrait surtout assurer le service maritime entre Carthagène et Oran en le subventionnant convenablement, et l'Espagne, autant que la France a intérêt à le favoriser, car les relations entre la région d'Oran et celles de l'est de l'Espagne sont très importantes.

Il ne faut pas songer à faire passer par cette voie le trafic de marchandises entre l'Algérie et la France, qui trouvera toujours plus d'avantages à se servir de la voie maritime directe.

CHAPITRE IV

Le trafic entre la France et l'Espagne et les Transpyrénéens.

Quoique la ligne projetée d'Algésiras à la frontière française vise surtout le transit à travers l'Espagne, et parait vouloir négliger en théorie les provenances et destinations d'Espagne, elle servira nécessairement dans la pratique à en transporter une certaine partie.

La ligne de Madrid à la frontière surtout, déjà étudiée et approuvée, profiterait de son raccourci de près de 200 km pour concurrencer le trafic combiné qui passe actuellement par Irun.

Or, aujourd'hui, il n'y a d'autres chemins de fer entre la France et l'Espagne que ceux qui passent à la frontière près de l'Océan à Irun et près de la Méditerranée à Port-Bou. Dans l'intervalle de plus de 400 km qui les sépare, il existe trois projets de lignes transpyrénéennes en voie d'exécution. Les plus anciens sont celui de Lerida à Saint-Girons par Salou, appelé le Noguera Pallaresa, nom de la rivière longée par le tracé, et celui de Canfranc, qui ont été l'objet de la Convention du 13 février 1885 entre la France et l'Espagne.

Cette convention ne fut pas suivie d'effet, sauf que du côté espagnol on a construit et livré à l'exploitation en 1893 le tronçon Huesca-Jaca et du côté français, en 1914, le tronçon Oloron à Bedous, qui font partie du Canfranc.

Une nouvelle convention fut conclue en 1904 d'après laquelle ce n'est plus deux lignes qu'il s'agit d'établir, mais trois, soit en plus de celles prévues par la Convention de 1885 qui était annulée, une nouvelle ligne d'Ax-les-Thermes à Ripoll ; celle ci ainsi que celle de Canfranc devaient être achevées dans un délai de dix ans, après la ratification de la Convention qui eut lieu le 28 janvier 1907, tandis que pour celle de Noguera-Pallaresa un même délai de dix ans était prévu, mais ne devant courir qu'à partir de l'achèvement du tronçon espagnol de Lerida-Sort ; en somme le Noguera-Pallaresa était sacrifié, tandis qu'on montrait de la hâte à construire l'Ax-Ripoll.

Quelques-uns d'entre vous se rappelleront sans doute que lors du magnifique voyage réalisé dans le Midi en septembre 1912 par notre Société, sous la conduite de notre cher Président, M'. Herdner, et dont vous trouverez le compte rendu détaillé dans le Bulletin de novembre 1912, vous avez visité les travaux du tunnel de Puymorens sur la ligne d'Ax à Puigcerda et ceux du tunnel de Somport sur celle de Canfranc.

Le tunnel de Puymorens avait alors 1 889 m d'avancement à la tête nord et 1 035 à la tête sud sur une longueur totale de 5 330 m et à celui de Somport, long de 7 882 m, les galeries de base étaient sur le point de se rejoindre.

Depuis lors la construction des trois transpyrénéens a subi de grands retards, spécialement du fait de la guerre.

En ce qui concerne la ligne de Canfranc, le tunnel de Somport est terminé, ainsi que la plupart des autres travaux, mais ce qui demandera encore plus de deux ans, c'est la construction à Canfranc même de la gare internationale qui comporte la déviation de la rivière Aragon, l'établissement d'un remblai de 16 m, 00 de hauteur pour la plateforme de la gare, des travaux importants de défense contre les avalanches, la construction des édifices et d'une route, etc.

On espère pouvoir inaugurer ce transpyrénéen au plus tôt au printemps de 1922.

Cela fera une ligne de plus entre la France et l'Espagne, pas bien éloignée de celle passant par Irun, mais de profil plus accidenté et d'un raccourci insignifiant sur Madrid et sur Saragosse. L'exploitation en sera faite en France par la Compagnie du Midi, en Espagne par le Norte, et au moins en Espagne l'État n'a pas de risque de garantie à courir.

Il n'en est pas de même pour les deux autres transpyrénéens où, malgré les nombreuses combinaisons et avantages donnés aux concessionnaires, aucune proposition n'a été présentée, et l'Espagne a dû se charger de la construction au moyen d'adjudications partielles et devra courir tous les risques de l'exploitation.

Sur le Noguera-Pallaresa, le premier tronçon de Lerida-Balaguer, le seul en construction, de 26 km de longueur, n'est pas encore complètement achevé et ne le sera pas avant deux ou trois ans. Le deuxième tronçon de Balaguer à Tremp, de 40 km de longueur, n'est pas encore mis en adjudication ; il comprend un passage très difficile, celui de Terradets, et un tunnel de 4 km et l'on prévoit qu'il ne sera terminé qu'en 1927.

L'étude des 100 derniers kilomètres de Tremp à Sort, et de là au milieu du tunnel international de Salou, qui aura 8 km,5 de longueur, n'est pas achevée, et aucun délai n'est fixé pour les travaux.

Comme on voit, l'on ne semble pas être bien pressé de construire cette ligne, quoique au point de vue des facilités de communication elle est plus intéressante que celle d'Ax-Ripoll, puisqu'elle est placée plus au centre des deux lignes actuelles, et donne de plus grands raccourcis réels de Toulouse à Tarragone et à Valence.

Les dépenses prévues en 1904 étaient de 32 millions pour la France et 88 pour l'Espagne, elles seront forcément modifiées.

Quant à l'Ax-Puigcerda-Ripoll, il comporte deux tunnels, l'un en Espagne, celui de Tossas, de 3 605 m de longueur, et l'autre en France, celui de Puymorens qui en a 5 330. La longueur de la ligne est de 91 km, dont 51 en Espagne et 40 en France ; la gare internationale doit être établie à Puigcerda.

Le tunnel de Tossas a été percé le 28 février dernier ; le premier tronçon de Ripoll à Ribes, de 14 km de longueur, sera mis en exploitation au commencement de 1920 et le reste en 1924.

Du côté français la guerre a naturellement retardé également les travaux. Les dépenses prévues au moment de la signature de la convention étaient de 37 millions pour la France et de 38 pour l'Espagne, mais, du fait de la guerre et de modifications du tracé, ces devis ne sont plus exacts.

Cette ligne ne servira guère pour le trafic international parce que si elle donne un raccourci de 93 km de Toulouse à Barcelone (330 km de longueur réelle au lieu de 423) son tracé est beaucoup plus accidenté, et, sans entrer dans les détails de la comparaison des longueurs virtuelles, nous indiquerons que

pour aller de Toulouse à Barcelone par Port-Bou il suffit de
s'élever de 120 m (altitude de Toulouse) à 200 m à Castelnau-
dary, redescendre à 29 m à Port-Bou et remonter à 110 m à
Fornells, soit 161 m d'élévation en tout ; tandis que par Ax il
faut monter de 120 m depuis Toulouse à 1 600 à Puymorens, redescendre à 1 200 m à Puigcerda pour remonter à 1 500 m au
tunnel de Tossas avant de descendre à Ripoll (670), soit une
hauteur verticale de 1 880 m à monter contre 161, et il n'est pas
étonnant que le calcul donne une longueur virtuelle de près du
triple par la nouvelle route que par l'actuelle.

De Toulouse à Tarragone, les distances réelles sont de 516 km
par Port-Bou, 426 par Puigcerda et 404 par le Noguera-Pallaresa,
et la ligne de Noguera-Palleresa est préférable à celle d'Ax-
Ripoll, tant comme distance réelle que comme virtuelle.

Nombreux sont les cas où le chemin le plus court en chemin
de fer n'est pas le plus avantageux et nous en avons un exemple
frappant entre Paris et Barcelone, où précisément le plus court
trajet est celui qui passe par Arvant, Neussargues, Béziers et
Narbonne, qui est de 1 105 km et n'est pas utilisé en raison de
son profil trop accidenté.

Par contre, tout le trafic se partage entre les trois autres routes;
celle par Lyon-Cette qui est de 1 212 km, celle par Montauban-
Toulouse de 1 141 km et celle par Bordeaux-Toulouse de 1 269.
Par le nouveau transpyrénéen Ax-Ripoll, la distance réelle Paris-
Montauban-Toulouse-Barcelone sera réduite de 93 km et tom-
bera de 1 141 km à 1 048, mais pour les raisons indiquées cette
nouvelle route ne sera pas plus avantageuse à suivre que celle
d'Arvant.

D'un autre côté, le trafic qui circule entre la France et l'Espagne par les deux frontières actuelles ne représente que 2 0/0
des transports de l'ensemble des lignes espagnoles à voie large,
et si deux lignes sont suffisantes aujourd'hui pour y faire face,
il n'y aura pas assez de trafic pour rémunérer également les
trois nouvelles lignes transpyrénéennes qui sont en construction
et encore moins quand il y en aura une sixième comme celle
que l'on projette par les Alduides.

Nous n'insisterons pas davantage et serons heureux si nous
sommes arrivés à établir que l'on peut se borner pour le moment
à améliorer les relations entre l'Europe et l'Afrique à peu de

frais en perfectionnant les lignes existantes et en y établissant des trains rapides en combinaison directe avec de bons services maritimes tant pour l'Algérie que pour le Maroc. La France et l'Espagne ont tant d'autres œuvres urgentes auxquelles elles pourraient employer plus utilement leurs ressources, et en Espagne notamment nous signalerons l'achèvement du réseau des chemins de fer secondaires et stratégiques, dont le régime établi par les lois de 1908 et 1912 vient d'être modifié avantageusement par décret royal du 22 septembre 1917 qui rend effective la garantie de 5 0/0 au capital employé pour les travaux.

Le programme comportait la construction de 200 lignes d'une longueur totale de 12 500 km et il n'a été mis en exploitation pendant les dix premières années que 600 km, et il en reste 900 en construction ; de plus, les devis de la plupart des autres lignes existent déjà et l'on compte qu'on pourrait exécuter toutes ces lignes avec un prix moyen d'environ 200 000 pesetas par kilomètre, soit en tout 2 500 millions de pesetas.

Il est certain que l'exécution de ce programme serait d'une très grande utilité pour tout le pays ; il permettrait d'utiliser la main-d'œuvre disponible et contribuerait à mettre en valeur d'immenses richesses agricoles, forestières et minières encore inexploitées faute de bons moyens de communication. Une fois ce réseau établi, le nombre de kilomètres de chemins de fer par 100 km^2 de superficie passerait de 3 à 5 1/2, c'est-à-dire la moitié de ce qu'il est en France, et par 10 000 habitants de 7 1/2 à 13 1/2 contre 15 1/2 qu'il est en France, et cela sans tenir en compte ce qui correspondra aux nouvelles lignes d'intérêt général en construction.

Nous ne voulons pas terminer ce trop long exposé, où il a été surtout question d'intérêts communs à la France et à l'Espagne, sans témoigner notre sympathie à ce noble pays qui, malgré certaines apparences, a observé une neutralité bienveillante à notre égard durant la terrible guerre qui vient de se terminer si heureusement. Tout le monde connaît l'œuvre admirable du Roi qui a porté la consolation dans tant de foyers en s'employant sans compter à l'adoucissement du sort des prisonniers, à la recherche des disparus et au rapatriement des blessés, et dont le nom restera à jamais populaire en France ; le pays lui-même, sans avoir à violer sa neutralité, nous a fait profiter de ses importantes ressources. Enfin, de nombreux amis, parmi lesquels nous comptons plus d'un collègue, ont défendu notre juste cause dans la presse et par la parole contre la propagande effrénée de nos ennemis.

Déjà la Conférence de la Paix, pour rendre hommage à cette noble conduite, a désigné l'Espagne pour représenter les pays neutres dans le Conseil de la Société des Nations.

Nous espérons que ses relations avec la France conserveront leur vieille cordialité, et que cette amitié se traduira de nouveau par un bon traité de commerce, qui fera plus pour les intérêts des deux nations qu'un autre transpyrénéen ou qu'une nouvelle ligne internationale.

IMPRIMERIE CHAIX, RUE BERGERE, 20, PARIS. — 18573-9-19 — (Encre Lorilleux)